与你的身体对话

对话

柯云路 著

河南文艺出版社
·郑州·

CONTENTS
目 录

前　言

一

　　一位朋友多年胃病，尝试过多种治疗方法，胃还是时好时坏。有一次一起吃饭时他又胃痛了，而且痛得厉害。他说，我的胃真是很糟糕。我问他，你经常这么讲吗？他说经常这样讲。我说，能不能换个讲法呢？比如你对它说：几十年让你辛苦，真对不起。你其实很了不起，我得感谢你呢。等等之类。朋友说，这样讲有用吗？我讲了我的研究结果。他摇头说，自己这会儿正胃痛得厉害，说不出来。我说，你不妨试着说说吧，别管胃有多痛，你说你的，尽量笑着对它说。在我的劝导下，朋友捂着胃忍着痛开始讲了。第一遍似乎没有什么效果。我告诉他其中的技术要领，他按我的指导再做,奇迹发生了,胃痛竟然消失了。朋友一时有些不敢相信,摸了又摸,体会了又体会,觉得"真怪了"!于是,我将这套"大爱健身法"传授给他。之后他每天认真操练,胃痛再没犯过;他还用这个方法对待自己的眼睛、颈椎,一段时间后,多年的视疲劳、颈椎痛也不治而愈了。

还有一位朋友,前列腺多年有问题。一次我们一起喝茶,他屡上卫生间,不禁自嘲道,自己的前列腺有点"不争气"。我当时问他:能不能换个说法?我告诉他前列腺及整个男科都是比较容易对话的器官。你要对它讲感激的话、赞美的话。你要想一想,前列腺几十年为你服务容易吗?我介绍了大爱健身法的理论与技术。朋友却说,一时找不到"与前列腺对话"的感觉。我又告诉他如何找到这种感觉,当场指导他习练。他一做便觉得前列腺部位出奇地舒适,这让他很是惊喜。他进一步发现,自己内心的"前列腺焦虑症"(他本人用语)一下子没有了,他说自己多年为前列腺"焦虑","这种心理变化太奇妙了"。这位朋友之后坚持习练大爱健身法,尿频尿急等症状也渐渐消失了。"与朋友喝茶可以一喝到底了。"让他特别得意的是,他用大爱健身法的原理成功瘦身,减去十公斤体重。

这样的例子很多。

大爱健身法是一种从与身体对话开始而展开的全方位养生健身技术。朋友们学习了大爱健身法,可以立刻尝试,有时会获得立竿见影的效果。

二

人人都爱自己的身体，但是，什么是真正的爱呢？

很多人爱身体，却常常表现在对身体的不满上。譬如上述两位朋友胃痛便说胃糟糕，前列腺不好便说前列腺不争气，还有些人照镜子时看到脸上添了皱纹就沮丧。不论头痛、颈椎痛，全身哪一个部位不舒服，就会皱眉、叹气、焦虑，这都是在表达对身体的不满。

就好像很多看来很爱孩子的家长，孩子的成绩稍不理想就着急，埋怨、数落、唠叨、催促，一大堆的不满。这样的家长无论对孩子下多大功夫，多么辛苦地陪读，都不是真正在爱孩子。在这样的成长环境中，孩子难有起色。

好的父母善于理解并欣赏、夸奖孩子，只要孩子的积极性被调动起来，他们的表现会判若两人。

又譬如，夫妻之间怎样的爱才是大爱？妻子照顾丈夫无微不至？丈夫挣了钱都交给妻子？都不是。只有彼此间的欣赏、感激才是最有质量的爱。很多男人之所以成功,有一个原因就是妻子自始至终的欣赏。一个男人若每天在家里听到的都是妻子的埋怨与不满,一定会十分受挫的。

感恩与赞美才是大爱。善于以善良微笑的大爱对待天下人和事,命运一定会发生变化。

这里重点讲的是,如何用感恩和赞美的大爱对待自己和自己的身体。

三

大爱健身法融会了很多养生健身技术。

核心是如何与身体及其各个器官沟通对话。

这里的技术要领主要有十条：

一、要"想一想"自己准备与之对话的器官。可以摸一摸那个部位(如胃,如心脏等),这好比与之"握手",一定要真正进入与其对话的感觉。这种感觉一开始会有些陌生,但会越做越有体会。

二、对话时用有声言语或者默言默语,皆可。

三、要放松一下与之对话的器官,这很重要。譬如你与胃对话,先放松一下胃部。

四、如果此时静坐并放松全身更好。一般来说,在松静自然的状态下,对话的效果显著。

五、一个重要的技术环节是"展眉心",面带微笑地与身体的某一部分或全身对话,态度如同对一个最好的老朋友。

六、我们的身体是个统一整体，无论你重点突出哪个器官，都不要忘了全身。譬如你男科或妇科不好，那么，你的对话既是和男科或妇科对话，又要与全身对话。又譬如你颈椎痛，那么，除了与颈椎对话，还须同时与全身特别是与整个肩背对话，使整个肩背放松怡悦起来。

七、与身体对话不可敷衍，要出自真心。你要这样想，你身体的任何一部分、任何一个器官几十年与你相伴，几十年值勤未曾缺席，都称得上劳苦功高，很了不起。过去没有意识到这一点，错了；知错就改，不晚。

八、你和身体（或某一器官）的对话如果当下有效，譬如正胃痛呢，对话后不痛了，正疲劳呢，对话后眼睛舒服了，一定要当下"肯定"。这叫"肯定效果，立刻巩固"。如果经过一些天的对话操练，身体的某一部位有了实质性改善，哪怕只是最初的改善，都要及时"肯定"。这种肯定同样不能是虚假的、敷衍的。你可以对家人或亲朋好友讲出这种"肯定"。这种真实的肯定，身体一定会"听到"，这样才能够与时俱进，巩固效果。若对身体的进步有所怀疑，效果就差。

九、习练大爱健身法有了收获，最好与朋友分享，并将这种方法传授给熟悉的人。而后你们之间就会产生一种切磋交流、彼此推动的气氛。很多操作奥妙是需要不断琢磨的。譬如有的人特别善于找到与胃肠消化系统对话的感觉，有的人特别善于与头

脑对话，这里的技术细节不能穷尽。

十、有些人敏感，读了这本书后，立刻能找到操作的感觉；有些人感觉迟缓一些，但只要多加体会，同样会找到感觉。找到最初的感觉比较容易，由此出发即可。对于多年的慢性病，常常不会一两天就明显改变，这时不要性急（着急也是一种对身体的不满）。欲速则不达。只需每天照常习练就是了。"有意练功，无意成功"，常常在不经意中效果就出现了。

总之，和自己身体对话的大爱健身法是一套对现代人比较亲和简洁的养生健身法。它综合了现代心理学与多种东方养生技术，如中国古代儒家的、道家的、佛家的、中医的养生技术，对调整身心健康很有实效。

希望更多的朋友受益并发生奇迹。

一　生命序曲

1

人是需要赞美与感谢的。

这个道理很多人知道。当然,也有人不知道。

归根结底,经过讲解、体验,大多数人会知道的。

知道这个道理并善于运用这个道理的人,用赞美和感谢对待他人,会产生种种奇迹。

那么,我们要问,只有人需要赞美和感谢吗?

2

我们发现,动物也需要赞美和感谢。

无论是辛勤劳作的马、犬、牛、羊,还是听从指挥、接受训练的马戏团的狮子、狗熊、老虎、猴子,当你对它们的优秀表现给予欣赏、赞美、夸奖时,它们都会受到鼓舞,会表现得越来越好。

当你对一头过分辛劳的牛或马,抚摸抚摸它的脊背,不仅表示赞美,还表示感谢时,它能心领神会,像人一样得到安慰和支持。

这是所有亲近过动物的人都有的经验。

那么,我们要问,只有人和动物需要赞美与感谢,到此为止了吗?

3

　　世界上不止一个科学家对植物做过考察，发现它们对人类的态度也有感应。

　　植物也能成为电的导体与载体，因此，对它们也能像对人类做心电图、脑电图一样，做各种各样的电流图。

　　在植物电流图上，可以观察到不同的图像。

　　就像人类的脑电图、心电图，有的表示健康，有的表示疾病；有的表示正常，有的表示反常；有的表示怡悦，有的表示郁闷；当对植物的电流图有了规律性的把握之后，你会发现，植物对人的各种态度都有反应。

　　当你对它说，我要割断你时，它的电流图表现出恐惧的紊乱。

　　当你赞美它美丽时，它呈现出快乐的图像。

　　当植物经常处在恐吓、斥责和埋怨中时，不仅电流图做出相关反应，而且生长状态明显受挫。

　　而当人们总是赞美欣赏它时，它除了呈现一幅怡悦的电流图之外，整个生长状态也极佳。

　　植物都能理解对它的赞美。

　　这是很多热爱花草的人能把花草养好的奥秘之一。

　　那么，道理到此为止了吗？

注

很多科学家认为，植物各器官是通过自身发出的电信号传递信息，进行"电话交流"。1873年就有科学家用实验方法检测到捕蝇草体内的电流产生，证实了"植物电"的存在。随后，不少科学家采用一系列物理和化学刺激，又在感震植物、攀缘植物和非敏感植物中发现了电信号。

英国科学家研制出一种植物探测仪，把这种仪器的一根引线与植物的叶子连接，通过电子翻译器，便可在耳机内清晰地听到植物在"说话"。

比如，在日朗雨润时，植物发出的"声音"清脆悦耳；而大风或干旱时，植物则会发出低沉的"叫声"。

植物体受到各种环境因素的刺激，可以产生多种感受运动，人们早已知道。含羞草就是明显例证。当含羞草遇有电流或受到触碰时，它便收拢叶子，叶柄下垂。

现代的研究既然已经可以确认植物体内有微量电荷存在，就可以通过电流表来测定植物对外界的某些反应。将电流表与植物叶片接通后，叶片电场的任何变化都能看得出来。

植物对不同声音有不同反应。美国人曾经做试验，让牵牛花"收听"音乐。结果是，在摇滚乐作用下的生长停止，不开花；轻音乐里的，苗壮花红；未接触音乐的，情况正常。在印度、加拿大等地，科研人员利用声音增加农作物的产量。据称，高音调的声响

有助于小麦的长势;接受过超声波处理的莴苣,生长有明显的变化。

国外有人在多年的植物研究中发现, 屋内放有两棵或两棵以上植物,当伤害其中一棵时,如揪叶折枝,那么其他的植物便有反应,这一信号可以从安放在它们叶子上的电流表显现出来。日本的电子学博士海西巴托则说一些植物能够"说话"。他是用仪器将植物发出的电信号转变为声音的。当他给植物浇水时,将植物挪动地方时,以及对着植物大声说话时,植物体均有电信号显示。经过转换,便能听到各种不同的"声音"。澳大利亚的科学家也曾监测过一些植物,结果发现在干旱时,植物会发出咔嚓咔嚓的声响。设置在植物体上的微音器将声音放大后,可以直接听出来。他们认为,这是植物在遭受折磨时发出的"呻吟"。

日本科学家现已成功地将植物电转换成了和谐的音乐。他们采用改进的人体电脑检测仪器, 将测到的植物体内的电位差输入电脑,再利用处理杂音的音程转换软件,把植物的微弱电流先变成声音,后改编成了音乐。

近年来,科学家又发现,植物通过"电话交流",可有选择地将外界信息输入体内,促进自身的生长发育。

4

每个人都是哲学家。

赞美与感谢对动物、植物都会有积极的影响,更不用说对人的影响了。我们肯定要用它产生更多的奇迹。

聪明的家长由此会明白,对孩子不再用唠叨式、埋怨式、训斥式教育法,而改为欣赏、夸奖、赞美、鼓励法,那么,原本看来表现平平甚至让家长多有忧虑的孩子,会在很短时间内发生令人惊喜的变化。

政治家或企业家会更有效地运用赞美与感谢来调动人的积极性,产生令人惊讶的奇迹。

然而,我们的认识到此为止了吗?

5

有的朋友更聪明,他们想到,要用赞美和感谢的态度对待整个世界。

包括整个自然界,赞美一年四季用风花雪雨关照我们的大自然。

用赞美和感谢的态度对待来自世界的各种关照。

仅仅到此为止了吗?

更加敏感的朋友稍微疑惑一下,会一拍脑袋想到,我们还应该赞美自己。

赞美自己什么?

赞美自己的创造。

赞美自己的理想。

赞美自己的美德。

赞美自己人生的每一分努力。

包括赞美自己的爱情与亲情。

我们却要接着问，就到此为止了吗？

6

为什么忘了赞美和感谢自己的身体呢？

有的人可能会疑惑了："我"不包括我的身体吗？

赞美"我"，莫非没有赞美我的身体吗？

这个问题很哲学。自古以来有一大篇道理、千百种说法，暂且省去不谈。

只说一句话：当你赞美自己，或者赞美那个"我"时，你未必想到了"身体"。

你觉得身体属于自己，属于"我"。

但实际上，身体常常有它的独立特征。

当你拼命工作争取功成名就时，你在运用身体，然而，你并不代表身体。你对来自身体过劳的呻吟、不满的抵抗，非但不心领神会，甚至麻木不仁。

我们要把身体看成一个需要赞美感谢的对象，看成一个属于你又不完全是你的某种有主体特征的存在。

要学会和身体对话。

7

一些科学家发现,人体存在着"腹脑"。也就是我们的大小肠、腹部存在着一组神经,具有某种独立感受世界并思考的能力。

它既受大脑中枢神经的控制,又有某种独立性。

我们不应该经常拍拍腹部,对它日复一日专事消化吸收的辛苦劳作表示赞美和感谢吗?

注

为什么人在生气时,常常会感到肠胃疼痛呢?

美国哥伦比亚大学神经学家迈克尔·格肖恩认为:"那是由于我们的肚子里有个大脑。"

就是所谓腹脑。

它主要由肠壁上的神经网状物构成。

而这肠壁上的网状物是消化的总开关。

最先发现这一现象的是 19 世纪中期的德国精神病医生莱

奥波德·奥尔巴赫。在一次用显微镜观察被切开的内脏时,他惊奇地发现,肠壁上附着两层由神经细胞和神经束组成的薄如蝉翼的网状物。他当时并不知道自己发现的是人体消化器官的总开关。这个总开关不仅能分析营养成分、盐分以及水分,而且能对吸收和排泄进行调控,并可以精确平衡抑制型与激动型神经传递物、荷尔蒙以及保护性分泌物。

　　一个人的内脏在75年中大约要通过30多吨的营养物质和5万多升的液体,这些东西的通过量由腹脑高智能地操纵着。腹脑能分析成千上万种化学物质的成分,并使人体免受各种毒物和危险的侵害。肠子是人体中最大的免疫器官,它拥有人体70%的防御细胞,大量的防御细胞与腹脑相通。当毒素进入身体时,腹脑最先察觉,立即向大脑发出警告信号,大脑马上意识到腹部有毒素,接着采取行动:让人呕吐、痉挛或排泄。

　　科学家认为:越往消化系统的深处,大脑对其的控制力越弱。口、部分食管及胃都受大脑控制,胃以下部分则由腹脑负责,当最后到达直肠及肛门时,控制权又回到大脑。

　　大脑与腹脑经常有同样的表现,反应也是同步的。在患老年性痴呆症及帕金森病的患者中,常在头部和腹部发现同样的组织坏死现象;疯牛病患者通常是大脑受损而出现精神错乱,与此同时肠器官也经常遭到极度损害;当脑部中枢神经感觉到紧张或恐惧的压力时,胃肠系统的反应是痉挛和腹泻。

大脑与腹脑细胞及分子结构的同一性可以解释，为什么精神性药物或治头部毛病的药物对肠胃也会起作用。比如治偏头痛的药可以治疗肠胃不适，而一种原是治疗恐惧症的药物则可以变成治疗肠功能紊乱的新药。

腹脑也会生病，而且比头脑的病还多。当腹部神经功能紊乱时，腹脑便会"发疯"，导致人的消化功能失调。此外，许多科学家已将一些病症的起因归为"第二大脑"的神经系统没有发挥功能，例如神经性恐惧症和抑郁症等。

人们在腹脑中还发现了与大脑记忆功能有关的同种物质。研究表明，腹脑具有记忆功能。过度或持续不断的恐惧不仅在头部留下印象，甚至会给肠胃器官打下烙印。

这样，就有了有智慧的肚子跟大脑讲故事一说。

腹脑整天都在跟大脑讲故事，设计情绪特征。研究更进一步表明，人在沉睡无梦时，肠器官进行柔和有节奏的波形运动；但做梦时，其内脏开始出现激烈震颤。反过来，内脏及其血清基细胞受到刺激会使人做更多的梦。

许多肠功能紊乱的病人总抱怨睡不好觉，原因就在这里。

人类对神经系统的研究已有百年历史。但相对于大脑，人们对腹脑的研究才起步。现在所有腹脑专家都相信："人的肚子拥有智慧。"因此意识与腹脑的关系将是未来科学的又一新领域。

8

我们身体的各个部位，心、肝、脾、肺、肾、膀胱、大小肠、大脑、五官、四肢，消化系统、神经系统、呼吸系统、免疫系统，等等，它们中的任何一个或一部分，肯定比一棵植物的生命更高级、更具知觉。

它们难道会对来自我们意识深处的赞美与感谢没有感应吗？

就像我们欣赏优美的音乐时，身体会感到舒服。

我们的态度就是一种特殊的音乐。

它所含有的波动肯定会对身体起到特别的影响。

9

我们不妨现在就试一试。

如果你正在案头工作，大脑非常疲劳，请拍一拍自己的头，对它说：你真了不起，干了这一番活儿，辛苦了，谢谢你！

你会发现，"它"很高兴。

而且，头脑的疲劳顿时减轻。

10

如果你因为工作压力大,心胸有些憋闷,甚至心慌心悸,请抚摸抚摸心胸,对它说:你真棒,这一阵你辛苦了,稍微忙过这一阵,肯定让你好好歇歇。

你会发现,心胸的不适顿时去了一多半。

11

　　如果你此刻胃肠有些不适,胃紧,胃痛,腹胀,腹痛,也可以用手安抚一下自己的腹部,对它们说:这两天工作压力大、应酬多,让你们负担过重了,真对不起!

　　你会觉得腹部放松下来不少,舒服多了。

12

现代人工作紧张,视疲劳是普遍现象。

当你坐在电脑前感到眼睛酸涩、视力模糊时,请闭上双眼,抚摸抚摸眼周,轻轻拍一拍,对它说:你确实劳苦功高,感谢你,下了班,一定让你放松放松。

你会发现,眼睛的酸涩感减轻了,也明亮多了。

13

总之，对我们身体的任何一个部位——

该赞美的，就要赞美。

该感谢的，就要感谢。

该道对不起的，就要道对不起。

这样尝试一下，你会有惊喜的收获。

然而，就到此为止了吗？

有的朋友会触类旁通地问：有没有一套完整的操，可以一二三四五地操作下来，可以每天练一练的？

或者当身体遇到不同问题时，可以从中选择、照章办事的？

二 爱身早操

14

有。

这就是我们的"爱身早操"。

每天早晨醒来后,你躺在床上,还有些懵懂。

这时,可以开始做爱身早操第一节。

将双耳从上到下按摩一遍。

人的耳朵与全身相对应。从头到脚的所有器官在耳朵上都可以找到相应的反射点。这在中国传统医学中就是"耳穴"。当应用耳针疗法时,针灸这些穴位就可以调理和治疗全身的有关疾病。

每天早晨将耳朵按摩一遍,就是按摩了全身。

一边按摩，一边和全身器官对话。

对它们说：让咱们放松一下、疏通一下，然后就该准备起床了。昨天我们玩耍了一天，玩得很不错。今天我们再接着玩耍，玩得更棒。

要体会全身上下与自己对话的感觉。

体会一下它们逐步苏醒和怡悦的反应。

这是爱身早操第一节。

注

有关耳穴图与耳针疗法，可参看《实用中医学》，北京中医医院、北京市中医学校编，北京人民出版社出版。

15

然后，你从床上坐起来，用双手搓脸。

你对脸说：你昨天精神抖擞，很漂亮，很有感染力，与环境很融洽，很聚人气。今天，你肯定更加春风拂面。

你立刻体会到脸上漾出的微笑。

它很舒服。脸得到赞美后很愉快。

我们身体的一天劳作都有辛苦。最辛苦的部位之一就是脸。

身体其他部位按部就班的运作可能没有那么多应酬。这张脸要迎来送往，要面对方方面面。愁苦了，它要发皱；愤怒了，它要充血；赔礼道歉时，它要谦卑。面对各种交际，它都有很多支出。

洗澡时，一照卫生间的镜子就会发现，全身的皮肤，脸往往最先开始衰老。

呵护好脸，就是呵护好你对外的窗口。

就中医来讲，脸也和全身相对应。

按摩脸，也便按摩疏通了全身。

这便是爱身早操第二节。

16

然后,你该洗脸了。

洗脸时面对镜子,你看到了自己的脸。

你当然会冲它微笑。它也冲你微笑。

而后,你要夸赞一下分布在脸上的五官。

眼。耳。鼻。舌。口。

你对它们说:好眼睛,好耳朵,好鼻子,好嘴巴,好舌头。你们真聪明,真灵敏,真能干,真了不起。我摄取的外部信息和物质,无论是声色气味,还是呼吸饮食,都靠你们。咱们今天继续好好合作。

特别要眨一眨眼,它常常最辛苦。多感谢它一番。

眼睛顿时会更加明亮舒服。

这是爱身早操第三节。

17

然后,你对着镜子梳头。

男人三下两下就完,女人可能梳理的过程长一些。

无论时间长短,都别忘了顺势抚摸一下脑袋。

轻轻拍拍它,夸它聪明智慧,每天丰功伟绩。

对它说:你昨天辛苦了,今天还要请你再辛苦辛苦,多拜托了,多谢了。等等。

不要忘记告诉它:忙完了,咱们一块儿好好放松休息。

对大脑的赞美感谢,同样会产生神奇的效果。

忙累的朋友读到此处,不妨试一下。

就好像做了一次头部理疗,疲劳会消退一多半。

这是爱身早操第四节。

18

再然后，你要吃早饭了。

这时，你要安抚、赞美、感谢自己的肠胃以及整个消化系统。脾啊，肝啊，胆啊，甚至连肾脏、膀胱都在内。我们的消化系统还包括排泄系统。

它们在饮食前后是最活跃敏感的，最注意外界的信息。

你拍拍自己的胃部、腹部，对它们说，这一阵应酬多，一年365天都劳驾你们了。没有你们的新陈代谢，营养全身，我一天都坚持不下来。

特别是胃，对这种精神安慰最为敏感。

你立刻会感到它怡悦了，微笑了。

千万不要为了一时的口腹快感，或者为了填补精神空虚，或者为了排遣工作压力，每日不顾它的感觉，胡吃海喝，撑着了胃。

从中医来讲，脾胃的运化能力有核心的重要意义。

脾胃如果不行了，想治病，连药都吃不下去。

　　赞美、感谢完脾胃乃至整个消化系统,就做完了爱身早操第五节。

19

然后,你要去上班了。

出门前,对着穿衣镜上下打量自己一下。

从上到下将全身赞美夸奖一番:很抖擞,很精神,很有活力。

脚跟跺一跺,体察全身上下接受赞美后的喜悦。

特别要对脊柱从上到下赞美、感谢一番。

是它支撑了我们的全身。

对于容易累着的颈椎、腰椎,一边赞美夸奖它,一边微微活动一下。

它确实很了不起。它不仅在生理上,也常常在精神上支撑了我们的全部压力。

肩上扛重物,会累着脊椎。精神上有重负,脊椎也首当其冲。这就是脑力劳动者常常比体力劳动者还易患颈椎病、腰椎病的原因。

每天不忘记爱护脊椎,不遗漏对它们的安抚,至关重要。

这是爱身早操第六节。

20

　　然后,你高高兴兴出家门,下楼。你一边小跑着,一边将手、脚、胳膊、腿赞美感谢一番,还包括赞美全身的肌肉骨骼:新的一天,奔波又开始了。昨天你们很精彩,拜托你们今天更精彩。你们一天比一天年轻,一天比一天灵活。

　　对每一处关节要害部位都赞美到,那就是好上加好了。

　　这是爱身早操第七节。

21

你就要上车了,还有时间扩扩胸,呼吸一下早晨的新鲜空气。

拍一拍胸脯,对心脏和呼吸系统做一番赞美、感谢。

心脏一分钟都不能停跳，呼吸一刻也不能停止，它们了不起。不管我们每天做什么,心肺都在孜孜不倦地工作着。

我们却常常忽略了它们。

直到累得心胸憋闷、心率血压都不正常时,才想到它们。

那是千错万错。

从心肺系统开始,我们要把周身的血液循环、神经网络、淋巴、内分泌都概而全地赞美一下:感谢你们了。

然后,再敞怀深呼吸一下,就开始一天的忙碌了。

这样,爱身早操的八节操就做完了。

有朋友会问:我们每天早晨起得早,有更多的时间早锻炼。还能做什么更奥妙的爱身操练吗?

三　六字养生诀

22

这样,我们就要讲到中国神妙的汉字了。

我们已经知道,不同的音乐有不同的波动,不同人的不同态度有不同的波动。

现在我们要说,不同的汉字有不同的波动。

浩瀚的汉字就是各种不同的波动符号。

朋友们会问,什么意思?

一讲就明白了。

请念一下喉咙的"喉",稍微体会一下就发现,我们的喉部在着重用力。"喉"字特别震动了我们的喉部。

再念汉字"甜",会发现,我们的舌尖在用力。

而舌尖正是甜味感觉最灵敏的部位。

当我们说"甜"字时,与品尝甜味时一样,是在震动舌尖。

再说"苦"字,一念一体会,舌根部分被震动。

那正是我们对苦味最敏感的部位。

再说"胃"字,只要用力念这个字,就能体会到胃部的肌肉受到震动,在用力。

看来先人造汉字时,不仅注意到汉字和世界万物的种种对应关系,还注意到了它和我们身体的对应关系。

现在请你说一个放松的"松"字,特别是长声诵念时,会体会到全身肌肉在这个声音的震动下放松下来。

而你说一个紧张的"紧"字,从口腔部位的发紧,就能体会到它与"松"是恰恰对立的两回事。

提示到这里,我们将顺势推出中国传统医学中神奇的"六字养生诀"。

23

中国传统医学中的六字养生诀，就是：呵，咝，嘘，呼，吹，嘻。

这六个字都有调理身体的特殊波动。

这是中国几千年传统医学家与养生家长期摸索总结出来的奥秘。

"呵(hē)"字，当我们长声诵念时，会对心脏以及中医所讲的心经产生奇妙的震动、疏通、理疗作用。朋友们如果心脏有些不适，只要放松身心长声念诵"呵——"，会觉得很快舒服下来。

坚持每天早晨长念"呵——"音，对心脏有很好的保养理疗作用。

而且从中医学来讲，可以连同小肠一起得到呵护保养的作用。

"咝(sī)"字，长音念诵时，调理疗养我们的肺，连同大肠。

"嘘(xū)"字，长声念诵时，调理我们的肝和胆。

"呼(hū)"字，长声念诵时，会疏通保护我们的脾胃。脾胃不适或者有疾病的人，每天长诵"呼——"音几分钟，调理作用立竿见影。

"吹（chuī）"字，长声念诵时，调理我们的肾及膀胱。

"嘻（xī）"字，长声念诵时，调理疗养的是上中下三焦。三焦是中医学特有的概念，胸口部位为上焦，胃，肚脐部位为中焦，下腹部为下焦。

总之，"呵、呬、嘘、呼、吹、嘻"六个字，不仅调理了人体的五脏六腑，还调理了与之相关联的人体经络。

朋友们会问，那我们就该每日晨练时长声念诵六字秘诀了，对吗？

注

有兴趣的朋友可参看徐兆仁主编，中国人民大学出版社出版的"东方修道文库"中的《禅定指南》一书。还可参看北京中医医院、北京市中医学校编的《实用中医学》，北京人民出版社出版。

24

对。

每天晨练,我们可以长声念诵六字秘诀,调理五脏六腑及相关经络。

有了来自动植物世界对人类赞美、感谢的感应事实之后,我们就要将中医学中的"六字养生诀"和对身体的"赞美与感谢"结合起来。

那就别样神妙了。

25

我们先用六字养生诀调理肝胆。

清晨起来,或站或坐,先想一下肝、胆,对它们做出由衷的赞美与感谢。当体会到它们怡悦的反应之后,长声念诵"嘘——"。

你会体会到"嘘——"的特殊波动对肝胆部位的疏通与调理。

它是与深呼吸相结合的:深吸一口气后,随着均匀悠长的呼气,拖长声音念"嘘——"。赞美感谢的波动与"嘘——"音的波动相结合,影响力直达肝、胆以及相关的肝经、胆经。

我们的肝胆平时反应似乎不甚敏感。但肝区不适的人会发现,经此诵念后,不适会有所减轻。正怒气冲冲肝火旺盛的人也会发现,在长声诵念"嘘——"音后怒气消退,右肋部被怒气憋胀的感觉也会消失。

一个赞美感谢后的长声"嘘——",会呵护好你的肝、胆。

注

有关人体经络的知识,有兴趣的朋友可参看《中医大辞典》,李经纬等编,人民卫生出版社 2005 年 1 月出版。

还可参看《中医学》,魏睦新、杜立阳主编,东南大学出版社 2004 年出版。

26

呵(hē)

接下来，用

六字养生诀呵护心脏。

先抚摸一下心脏部位，对心脏做出由衷的赞美与感谢。

当体会到它怡悦的反应之后，对它说：我将继续呵护你。

这时候，你长声念诵"呵——"。方法依然是与深呼吸相结合：深吸气之后，随着均匀悠长的呼气，拖长声音念"呵——"。

你会体会到"呵——"对心区部位的震动与疏通，还会感到对腹部小肠部位的震动与影响。熟悉中医"人体经络"的朋友，还能体会到长声诵念"呵——"对心经和小肠经的震动与疏通。

27

接下来同理，在赞美感谢之后，长声念诵"呼——"，震动、调理、呵护我们的脾胃，同时调理疏通脾经、胃经。

胃的反应十分敏感。只要我们赞美感谢完了，"呼——"，它的怡悦舒服感觉便会悄然出现。有脾胃疾病的人，如果每天一两次，每次几分钟长念"呼"字诀，很可能你的疾病不治而愈。

28

接着,用六字养生诀调理疗养肺。

同样,先在呼吸中找到与肺部对话的感觉。

赞美感谢之后,感觉到它的怡悦反应了,而后长声念诵"咝——",用其特定的波动调理疗养肺。

方法依然是与深呼吸相结合。深吸气之后,拖长声音念"咝——"时,自然而然匀长呼气。要在赞美和感谢的态度中长声念诵"咝——"。而长声念诵"咝——",又是我们对肺赞美感谢的延续。

这样,你能体会到肺部的舒适感觉。

从中医学讲,肺与大肠互为表里,你还能体会到腹部、大肠部位的舒服。熟悉经络的人还能体会到肺经、大肠经受到的震动与疏通。

29

接着,长声诵念"吹——",调理疗养我们的肾脏及膀胱。

一样,要在赞美感谢之后。

一样,要与匀长的深呼吸相结合。

一样,在赞美感谢的态度中长声诵念。

一样,把长声诵念当作赞美感谢的延续。

我们的肾脏、膀胱以及相关的肾经、膀胱经,都会得到调理和疗养。

有些微妙的反应会让你惊喜。

不做不知道。做了才知道。

30

最后,长声诵念"嘻——",调理、疏通、疗养三焦以及相连的三焦经。

方法与前面五字诀一样。

也是赞美、夸奖、感谢在先,长声念诵是其延续。

念完以后,你会觉得胸腹从上到中到下都很舒服。

31

练习六字养生诀,若以养生为主要目的,可按上面五行相生的顺序念诵:嘘——呵——呼——哑——吹——嘻——;若以治病为主要目的,则按五行相克的顺序念诵:呵——哑——嘘——呼——吹——嘻——。

每天早晨将六字诀反复念诵几遍,效果极佳。

如果时间紧,可以不必六个字念全:脾胃不好,可以单念"呼——";心脏这段时间有些不适,可以单念"呵——";以此类推。

32

八节爱身早操做完了。六字养生诀也练完了。我们就要上班忙碌了。

那么，我们对身体的赞美、感谢与呵护到此结束了吗？

没有。

因为你在一天的辛劳中会发现，你的身体不是这儿疲劳，就是那儿辛苦。

这都需要临时应对。

如果坐在电脑前眼睛疲劳了，揉揉眼来一句：我的好眼睛，你太辛苦了，刚才的工作很重要，必须完成。谢谢你，你真了不起。现在休息一会儿吧。

三五十秒过去，它舒服明亮了。

如果你觉得头昏脑涨，大脑疲劳，自然要拍拍头，抚摸抚摸它：你今天干的活儿与众不同，难度高，费力大，你很出色。你太棒了。现在拍拍你，让你放松放松。谢谢了。

　　这样你会发现,头部正在松弛下来,紧锁的眉头也展开了,思维也清爽了。有时候半分钟一分钟的小调理,会使你从疲劳中顿时解脱。

　　灵感一下上来,苦恼你的难题解决了。

　　至于伏案久坐,腰酸脖子痛,更要坐直上身,晃一晃腰部颈部,来一番对脊椎的赞美与感谢。

　　与它对对话,让你的真心在它那里起反应。

　　包括需要用手拍拍颈部,按摩一下腰部,你的赞美才能更好地被它们接收。

33

以上讲的是每日的随时应对,非常有效。

还是那句话,不做不知道,做了才知道。

只要朋友们真正相信,身体的各个器官、各个部位都能够知道和感应我们的态度,都能被态度中所包含的特殊波动所震动与影响。我们和它们的对话,我们对它们的赞美与感谢,就能够神奇地解决很多看来无法解决的问题。

连动植物都能表现出对来自人类世界的音乐及态度的感应,连植物都不会对人的爱憎麻木不仁,我们的身体自然会比它们敏感丰富得多。

当你做爱身早操、念六字养生诀及每日随时应用这些方法达到效果后,你会从此把它作为自己面对世界的一个有力支撑的。

然而,有的朋友会提出更尖锐的问题:如果身体有了疾病,又该怎么办?

四　与身体平等对话

34

有病,当然需要治疗。

急性病,大概要去找西医。

慢性病,或许更应该找中医。

或者,中西医结合疗效更好。

还有自然康复法。

有的人得了疑难病症(包括癌症),各种医疗手段均告无效,索性豁出去了,改变生活,改变饮食,每天只吃野果喝山泉,整日在野地山谷里跑,也可能死里逃生,又活过来。

无论采取哪种医疗方法,有一条是一样的,就是精神面貌要好,对疾病、对身体、对生命有正确的态度。

　　还有一条,就是任何一种治疗都要配合休息、疗养以及其他辅助手段。

　　这样,我们的一整套思路与操作才有特别意义。

35

　　"爱身早操"与"六字养生诀"都能成为治病养病的辅助手段。

　　每日长声念诵"呵——",有助于疗养心脏,配合心脏病的治疗。

　　每日长声诵念"呼——",能够调养脾胃,有助于脾胃疾病的治疗。

　　每日长声念诵"呬——",能够疗养肺、大肠,有助于肺及大肠疾病的治疗。

　　每日长声念诵"吹——",有助于肾脏、膀胱疾病的治疗和疗养。

　　每日长声念诵"嘘——",可以疗养肝脏,有助于肝病的治疗。

　　每日长声念诵"嘻——",自然有助于三焦方面疾病的治疗。

　　然而,意义又不限于此。

36

疾病是怎么来的？

有种种原因。

从西医来讲，各种疾病都有病因病理：有传染的，不传染的，有来自客观环境的有害物质、不良因素的，有来自生活中的各种原因的，包括中毒、外伤、受寒、中暑。中医也有一套说法：风，寒，暑，湿，燥，火。

然而，无论是西医还是中医，都会特别强调疾病还有一个原因，是社会心理原因。

中医讲七情伤心。讲得更具体些是，思伤脾，悲伤肺，恐伤肾，喜伤心，怒伤肝。

而现代医学讲，疾病70%以上属于心身疾病，是说这些疾病完全或主要是由社会心理原因引起的。当一个人遭遇打击与挫折，情绪焦虑、抑郁、苦闷、烦恼，或者恐惧、紧张、没有安全感，都可能酿成某种疾病。

换句话说,任何不良情绪都可能"躯体化"。

焦虑,烦恼,可以表现为心脏出毛病。

抑郁,苦闷,也可能累积为癌症。

紧张,不安,也可能呈现为皮肤病。

37

基于现代医学和中国传统医学已有的深刻剖析，我们还该有什么联想呢？

38

我们发现,疾病常常涉及我们和身体的关系。

这个"我们"是指我们的欲望,我们的意志。

而"身体"是和"我们"看来一致又彼此对立的另一位朋友。[1]

聪明的人会发现,身体看来听我们指挥,但又不完全听我们指挥。

我们不可能随随便便下个命令,让心脏停跳或者慢跳。它要激惹或心律不齐时,你下了命令,让它不激惹,心律正常,它是不听命令的。[2]

这里要看清楚,"我们"和身体不完全是一回事。

疾病有的时候是由于我们不正确地对待身体而产生的。

譬如,你拼命要成功,工作加班加点,这时,你往往不太顾及身体的承受能力,你和它并未商量好合作关系。

日久天长,身体被你驱使着在重压下终于承受不住了,胃痛了,颈椎痛了,心脏不适了。

身体用疾病表现了它对过分奴役的不满。

它病了不满了,你才注意到它的疲劳不堪。

注

【1】有的时候,包括我们的情绪之类的心理内容,都站在"身体"一边,而不站在"我们"这边。

【2】我们的情绪也不完全听我们指挥。

你烦恼不堪,想让自己不烦恼,主观意志常常指挥不了情绪。

你因恐惧而心慌意乱,想让自己不恐惧,也不是立刻能够兑现的。

39

生活中常常看到这样的旋律：身体健康时，便忘乎所以去争名夺利，野心勃勃；累垮了，身体不行了，便歇下来，照管自己的身体。

身体恢复了，便又开始忘乎所以，去过分地野心勃勃，过分地贪求。

结果又累病了，再歇下来。

这样的旋律在很多人身上反复不已。

有的人反复到一定程度，了悟了，要"正确对待身体"。

也有人反复到重症，到死，也不曾了悟。

40

要正确对待自己的身体，就要在一定程度上把它看成平等对话的对象。

前面讲过腹脑，推而广之，对身体的任何部位，都可以想象它具有某种独立人格。这种概念或许现在还没有足够的科学论据支持，有待于继续研究，然而，它确实道出了一种我们在个人体验中能够经常验证的道理。

中国传统医学对此就相当有先见之明地提到一个概念，它讲：心藏神，肝藏魂，肺藏魄，肾藏志，脾藏思。这就比腹脑概念更为扩展。在中国古代道家养生功中，更把人的五脏六腑、五官七窍、身体各部位，都认定为有神志之类的在当值日官。眼睛中有眼神，耳朵中有耳神之类。

我们身体的各个器官和部位，都会感受到来自我们主观意志的态度的波动。

41

疾病提醒我们要处理好和身体的关系。

世界上有三种人类难免犯错误的关系。

第一种错误,领导者以为可以随意强制被领导者,统治者以为可以随意强制被统治者。这样的错误几千年来屡犯不止。

然而,被领导者与被统治者的反叛,常常使领导者和统治者明白,自己并不能够随心所欲地强制被领导者与被统治者。

彼此必须有商量,有协议,有妥协。

42

第二种错误，家长以为可以随意指挥孩子、命令孩子、强制孩子。

其实，这种强制与命令从来没有完全兑现过。

现代文明社会已经于法于理否定了这种妄想。

在未遭完全否定的社会里，这种强制也从来都是荒诞错误的。

学会正确对待自己的孩子，处理好彼此的关系，是人类的进步和聪明。

43

　　还有第三种错误，在有些人的观念中，以为可以随意索取大自然，强制大自然，为所欲为驾驭大自然。

　　这种错误屡犯不止，其惨痛代价历历在目。

44

除了以上三种错误，还有一个错误几乎人人在犯，却不够自觉。

那就是以为可以随意指挥自己的身体，可以随意强制身体接受自己的驱使。

疾病在一定程度上就是身体对我们的抗议与反叛。

45

从今天开始,要真正学会尊重我们的身体。

从今天开始,要真正将身体当作平等对话的对象。

从今天开始,要和我们的身体彼此沟通好。

从今天开始,要对我们的身体有足够的体察与关爱。

正是身体通过疾病发出的抗议,使我们更加明白了,要如此这般地处理好与身体的关系。

我们最初讲的对身体要赞美要感谢,就此演化成一个更大的主题。

爱这个世界,包括爱我们的身体。

我们不能掠夺自然,掠夺社会,掠夺子女,也不能掠夺身体。

对身体的掠夺性经营,诸如强迫驱使、过分透支,都是对待身体的错误态度。

46

　　有人会问：我们难道会不爱自己的身体吗？

　　表面上好像不会。实质上会。

　　就像有的家长，以为自己一心一意在爱孩子，为孩子好，其实这种爱中掺杂了很多对自己的爱。

　　家长把孩子看成自己的财富，看成自己未来的寄托，看成自己创造的作品，看成自己的荣耀，看成自己传宗接代的载体，还看成种种与自己利益和虚荣相关的东西。这样的家长在爱孩子时，相当程度上是在爱自己。他并不完全从孩子的角度出发，生起气来会说，你这个样子，让我怎么见人！你多给我丢脸！你这样下去，我以后还有什么依靠！如此等等。

　　这不是真正地爱孩子。

　　同样，我们对自己的身体也有真爱假爱之分。

　　真爱就要贯彻全世界通行的一个金科玉律：己所不欲，勿施于人。

47

　　身体对我们对待它的态度非常敏感。对它是强制式命令指挥，还是商量式协作，都会引起它不同的反应。

　　只有真正尊重关爱身体，身体才会在风和日丽的环境中健康美丽。

五　爱到病自除

48

改变对身体的错误态度,是我们对待疾病的首要原则。

我们过去对身体不但不赞美不感谢,还可能连起码的尊重理解都没有。

现在,我们要痛改前非。

不仅要及时地感谢、及时地赞美,而且因为身体病了,我们对待它一定要有更诚恳的态度。

我们长期劳作,为了我们的欲望,为了我们的虚荣,没有顾及心脏是否承受得了。现在它经常心慌不适,这时除了去医院检查、吃药治疗以外,还需要和心脏沟通。要对它道对不起:从我出生时刻起,你就一分一秒没有停止过工作,连我睡觉时你都不得休息,你实实在在很不容易。我过去太忽略你了,从今天开始,我要特别领会你的辛苦,领会你为我做出的忍辱负重的贡献。

然后,你的赞美和感谢才自然而然显出真实。

如果你的腰部最近有些痛,那么,你要明白,你把它用得过分了,每天趴在电脑前苦干,奔着房、车的目标去拼命,居然没有想到它不堪重负。

这时候要对它道对不起,要体察它这么长时间以来的超负荷承受。在减少负荷之后,再有各种各样的沟通,包括感谢,包括对它默默无闻贡献的赞美。

这样,你的治疗和康复才有一个好基础。

49

当然,我们的五脏六腑、全身各个器官也都不矫情。

它们常常很时尚。

你不一定总是道对不起,表现诚恳。

有时候也可以自嘲一下、调侃一下,譬如说:哎呀,我的脾胃,这段时间把你们撑着了,都是老兄我的不是,别跟我一般见识。你放松着点。以后我若再胡吃海喝,你就干脆罢罢工,好好教训教训我。

这样,你消化不良的有病的脾胃也能够得到安慰,慢慢配合你的调养和治疗。

特别是当自己因为情绪焦虑抑郁而身体不适时,采取一点幽默诙谐、破涕为笑的说法,很能解决问题。

50

　　无论如何，对被过分使用而累病的身体器官与部位道对不起，都是首要的。

　　它是沟通的基础。

　　其次是一定要对它做出允诺。

　　诸如，今后我不再让你超负荷工作了，我一定要考虑到你的承受力。

　　这是使患病的器官与部位得到安抚的又一重要条款。

　　再其次就是要好说好商量，让它放松下来。

　　有了上述三条，再加上赞美感谢，我们和患病器官的沟通就大功告成了。

51

当然，身体器官有时也会像任性的小孩子，你安抚足够了，允诺也足够了，它可能还是这么闹那么闹，做夸张性反应。

譬如，因为情绪紧张，胃总是痉挛。明明把紧张的原因去除了，也安抚了，它有时候还会痉挛，没完没了。

这时候你可以像对待小孩子一样，慈严兼备地呵斥一句：行了行了，别再闹了，累不累呀。也很管用。

52

　　有的朋友可能爱在理论上深究为什么。他们在想，植物到底对人的态度有感应没有？

　　这样的问题，该由东西方专家继续探索研究。

　　我们只需知道，沿着这样的思路对待自己的身体，很有效。

　　实践是检验真理的唯一标准。

　　当我们探索养生健身、美容长寿之道时，一切从实效出发。

　　还是那句话，不做不知道，做了就知道。

　　只要我们善于和身体对话，善于尊重关爱它，又找到了对话的正确方法，很多疾病都可以事半功倍地治疗好。

　　我们就这样来实践。

53

譬如,你经常会偏头痛。

这是一种常见的心身疾病。

有的人拖延多年难以彻底痊愈,不时发作,很痛苦。

那么,除了一般的医疗手段,我们可以用新的方法操作如下。

头又痛了,心中不要烦。笑一笑,拍拍脑袋,抚摸抚摸它,问:怎么又痛开了?

这是第一步,算是和它打招呼了。

人体任何部位通过这样的抚摸打招呼,都能很快进入对话状态。

54

第二步,自然要对它道对不起。

根据对以往生活的反省,你也知道, 偏头痛跟工作紧张、情绪焦虑有关,还涉及生活中应对的各种难题。

你便一边抚摸脑袋一边对它说:让你辛苦了,这些事太烦你了,实在过意不去。

55

　　第三步,道完对不起,你接着要对它做出允诺:往后,我会更合理地安排好工作计划,对待生活中的各种难题也更要想开一些,拿得起放得下,别再那么烦恼了。

　　说这话时,最重要的是真心实意。

　　要确实打算这么做,大脑才会释然。

56

第四步，你可以一边抚摸它，一边用语言引导让它放松下来:用不着那样发紧,松一点,再松一点。

57

　　然后,你要感谢它,赞美它:脑袋啊脑袋,你真是不容易,你看你干的这些事情,多大的工作量,解决的这些难题真够复杂。很棒。谢谢你。

　　这样,你的偏头痛会明显减轻,甚至完全消失了。

　　也许过些日子,头痛又会反复。

　　你继续用这方法和它对话,同时要确实落实对它的允诺,减轻压力,拿得起放得下。

　　经过一段时期,偏头痛可能真的痊愈了。

58

也可能,你是视疲劳,或者有其他慢性眼部疾病。

你已经采取了西医或者中医的相关医疗手段。

现在,我们用大爱健身法作为辅助手段,加强疗效。

像视疲劳这样的疾病,药物治疗常常效果不明显。医生也会告诉你,主要靠休息。那么,在注意休息的基础上,我们的方法事半功倍。

眼睛非常敏感,只要轻轻眨一眨眼,用手抚摸一下眼皮,或按摩一下眼部,对它说两句安抚的话,眼睛立刻会有松弛舒服的感觉。

然后,我们用上面讲过的那些步骤和它对话。

如果对着镜子和眼睛对话,效果更佳。

59

大爱健身法对眼睛的调理呵护作用立竿见影。

朋友们可以从与眼睛对话开始，找到与身体各器官各部位对话的感觉。

很灵验。

60

如果你患慢性鼻炎、慢性鼻窦炎，多年吃药打针，此时有效，彼时又犯，吃药打针无济于事，已经麻木不仁。

你意识到，还要靠增强体质，注意疗养。

这时，我们的大爱健身法将使你获得收益。

鼻子也是相当敏感的器官。

鼻子不通气，不舒服，请稍微想一想鼻子，笑一笑，和它对话。

你对它说：你多年不舒服，我没有真正关照过你，就知道吃药打针，也是匆匆忙忙走形式。现在我懂得尊重你了，你辛苦了，忍辱负重了。请你踏踏实实放松下来。你是了不起的。你对我的贡献是无可取代的。每日每时的呼吸都要经过你，抵御严寒和各种病菌都要靠你站第一道岗呢。

当然，别忘了抚摸抚摸鼻子。

还可以吸一吸鼻子，表示彼此对话的深入。

每一次交流，当时就会舒服。

每日进行几次。

不长时间你会发现，鼻炎、鼻窦炎不知不觉减轻，甚至痊愈
了。

六　感恩和赞美是良药

61

如果我们的心脏以及心血管系统有毛病，除了采取必要的医学手段治疗外，大爱健身法对心脏的调理治疗也是不可或缺的。

调理的基本方法与前面讲的相同。

也需要抚摸你的心胸部位，要和它道对不起，做出允诺，引导放松，以及赞美感谢之类。

需要强调的是，心脏是个急性子的朋友，它像火一样一年到头很热情，但脾气有点无常，喜怒变化不定。

和心脏对话尤其要放松、从容、和缓。

心脏一般情况下喜欢春风拂荡,树木成林。树木生养心脏。

而当它特别狂躁时,需要水那样的冷静对它做一点克制。

当然也别忘了六字诀中的"呵——"。

常念诵,有百利而无一弊。

62

如果还有高血压这类病症,在吃药治疗之余,同样要用大爱健身法辅助治疗。

病得不重,单纯用大爱健身法调养它。

方法当然一样。

高血压患者要特别注意使全身从上往下放松。

多想一想脚心。眼睛多凝视地面。注意力往下走。

这都是降低血压的方法。

凝视地面

63

　　如果肺部有毛病，或大或小，同样可以用大爱健身法辅助医学治疗。

　　除了前面讲到的方法，还要注意到肺的特点。

　　肺对气温寒热、空气干湿反应敏感。不良的空气，特别是炎热湿闷、乌烟瘴气，对它颇有伤害。

　　在安抚它时，可以同时瞭望广阔的天空。

　　语言和态度像秋天一样爽朗。

　　当然不该忘记长声诵念六字诀中的"咝——"。

　　大爱健身法会对它起到很好的呵护。

64

现在说到脾胃疾病了。

脾胃是最容易患病的器官之一。

有的人一生没犯过心脏毛病,有的人一生没犯过肝脏毛病,还有的人一生没犯过肾脏毛病。但是脾胃毛病,或大或小,几乎没有人一生中能幸免。

脾胃吐故纳新,迎来送往,任务繁重;营养全身,又是中枢;喜怒哀乐也毫不遗漏地落在它身上。

我们的大爱健身法要特别关照脾胃。

脾胃感受我们的关照,也常常最敏感。

没病,每天不要忘记关照它。

有病,更要注意天天关照它。

操练的方法自然如前所说。

长声诵念"呼——",也该成为护脾护胃之必须。

还需强调的是,脾胃特别需要手对它的抚慰。

65

　　如果和它对话有经验了，你会发现，道完对不起了，做了允诺了，引导它放松了，赞美感谢了，还可以逗它笑一笑。

　　胃是会微笑的，就和脸会微笑一样。

　　你对它说：让我们共同微笑吧。

　　它就会同你的脸部一样，在微笑中放松下来。

　　反过来，当它难受时，就和你的脸一样在抽搐在扭曲。

66

五脏六腑任何一个部位出了毛病，都可以用大爱健身法辅助治疗与疗养。如肝脏、肾脏、胆、膀胱、大小肠之类，方法都一样，六字诀也各有对应。

每个人都可以在和它们的对话中找到适用的特殊性。

譬如，对肝脏，要多讲究疏通宣泄。

如果能站在水边与肝脏对话，尤其适宜。

与肾脏对话，又有与肾脏对话的特点。

肾脏比较脆弱，和它对话尤其要细声慢语，要柔柔地来。

注

与五脏六腑对话应掌握它们的不同特点。有兴趣的朋友可参看《中医学基础》，张家锡主编，上海科学技术文献出版社2001年出版。

67

特别敏感的还有性器官。

男性患了阳痿,或者慢性前列腺炎,还有其他单靠药物很难解决的疾病,我们的大爱健身法恰逢其用。

只要安安静静站好,想一想自己的性器官,在心中和它对对话,那里立刻会有感应。

安抚,允诺,引导放松,赞美感谢,都能改善它的状态。

或者在散步的时候,躺下睡觉的时候,和它对对话。

每日一两次,或若干次。

一些天后,它焕然一新。

68

女性有的患子宫出血、痛经等等这类说来不要命其实很痛苦的毛病,这些毛病常常和情绪等心理原因相关。

一受外界冲击,性器官就做出类似反应。

有时候,也不能全靠吃药解决问题。

大爱健身法的对话方式常常能帮助你减轻这方面的痛苦。

请尝试和小腹部位(包括子宫、卵巢)对对话。

那是一个很敏感很容易沟通的部位。

效果如何,不做不知道,一做就知道。

69

乳房是女性特别敏感的器官。

现代医学讲，女性乳房是很"情绪化"的器官。

也就是说，女性的心理对乳房健康与否有直接影响。

精神痛苦、郁闷、有压力，常常可能导致乳房疾病。

特别像乳腺癌之类，常常和女性精神上的问题相联系。

这样，我们的大爱健身法就特别适用了。

当女性乳房出现这样那样的毛病时，除了正常的医学治疗，用大爱健身法，与它对话安抚，将起到明显的辅助作用。

对于有些常见又无须在医学上大动干戈的毛病，例如小叶增生之类，这种方法很能解决问题。

只要轻轻按摩一下乳房，和它对话，理解它的郁闷、苦恼和压力，给予足够的宽慰和赞美感谢，你会觉得乳房顿时热乎舒畅起来。

这样轻轻按摩着、对话着、安抚着，那里会发生良性的变化。

很可能不用多少日子,增生就消失了。

70

有时候,对它的安抚还要更有针对性。

按照现代医学理论,乳腺增生可能和一个成熟女性没有生育或者生育了未能哺乳有关。

这种情况下,有必要对它讲得更具体些:当时因为忙于求职、工作和生活上的种种考虑,没能让你顺理成章地表现哺乳的能力,你可能郁闷了,对不起。好在事情已经过去了,我们一起往前看。

71

　　如果腰椎、颈椎有毛病,或者腰部、颈部有种种酸痛不适、肌肉劳损,除了通常采用的医疗手段之外,可以试试大爱健身法。

　　脊椎以及腰部、颈部都是善于感受我们态度的灵敏对话者。

　　腰酸痛,只要想一想腰部,微微活动一下,对它说两句话,它立刻会做出积极配合的反应。

　　它对你的一切呵护都心领神会。

　　就像前面已经讲到的,我们的脊椎不仅支撑着生理的压力,譬如肩上扛着重物,还支撑着心理承受的压力。

　　各种压力都会表现为颈椎、腰椎出现毛病。

　　哪个器官超负荷了,都会做出它的反应。

　　对于那些腰椎、颈椎有慢性病的人,除了通常的治疗调理手段,一定不该忘了我们的大爱健身法。

72

腿脚更是一个敏感的对话对象。

你的膝盖酸疼，请用手抚摸抚摸它，和它对对话，疼痛会减少、缓和。

也可能晚上睡觉时，你的小腿着凉酸痛。到了白天，冰冷的酸痛感还过不去。

这时候要和小腿对对话，理解它着凉的委屈，对它表示爱抚，对它做出今后一定关照的允诺，赞美它了不起，感谢它每日奔波不已，贡献杰出。

让它放松下来，把冷气驱赶出去。

一会儿，你会惊奇地发现，小腿渐渐暖过来了。

有关节炎、风湿等腿病的朋友，除了正常的医疗调理外，不妨试一试大爱健身法。

你会发现，一些折磨你多年的病症，居然能够轻而易举地好转。

73

患有皮肤病的朋友可能会说，该怎样与皮肤对话？

我们说，对话的道理对人体各部位都适用。

皮肤出现这样那样的毛病，大爱健身法同样可以成为医学治疗的辅助手段与疗养手段。

特别是对神经性皮炎这类看起来不要命、其实很折磨人的毛病，大爱健身法应该当仁不让。

患这类皮肤病的朋友都知道，药物常常对它们久治无效。

神经性皮炎的称谓已经表明，这种皮肤病问题根源在神经。

说得更到位些，常常和精神原因相关。

明白了这一点，当我们用大爱健身法和身体对话时，针对神经性皮炎，除了抚摸患病瘙痒的部位之外，更多地要和自己的神经系统与精神对话。

请它们不要那样焦虑。

精神的焦虑常常反映为皮肤的瘙痒。

对话的结果是,久治不愈的神经性皮炎逐渐消失了。

74

博学多识的朋友会说,大爱健身法的奥秘就是心理暗示。

我们说,是心理暗示也罢,是比心理暗示更奥妙的道理也罢,这里的机制可以由学问家们继续研究探讨。既然这种方法很有效,我们就可以拿来用。

就好像中医的奥妙人类至今未能全面解析,它的理论体系和技术体系,也无法完全从现代科学的角度予以解释,然而,它的治疗效果使千百万人受益,我们就边使用边探讨。

再次重复那句话:不做不知道,做了就知道。

75

也可能你是年轻的父母,孩子五六岁七八岁,他嚷嚷说,肚子痛。

你可以对他说:宝宝,拍拍肚子,问问它,为什么不舒服,让它别紧张。

孩子很天真,信以为真地拍着肚子说起话来。

然后告诉你:它说刚才喝凉水了。现在不痛了。

你看,就算是一种游戏,也能让孩子从小关爱身体,知道身体是一个可以对话的伙伴。

如果说,这里还含着什么心理暗示的话,那么,你让小孩和自己打喷嚏、流鼻涕、不通气的鼻子对对话,让它放松下来,通畅起来。

也可能真正解决了问题。

76

有朋友问,失眠了怎么办?

我们说,同样可以用大爱健身法进行对话。

有人说,睡不着觉和身体没关,和精神有关。

那么,我们到底和谁对话? 莫非和自己对话?

这里,我们该做出回答了:当我们说"自己"、说"我"时,它到底指"谁",心理学有很多划分与界定。照理说,通常概念中的"我"当然包括身体,但是前面已经讲过,身体其实是我又不是我。

最核心的"我",是我们的主观意志。

就是那个我想干什么、想要什么的"我"。

我想要身体好,"我"是一方,身体是另一方。

那么,我想要好好睡觉,为什么我还是睡不着?

因为想要睡好觉的那个"我",和不好好睡觉的那个"我"还是两回事。

明白了这个道理,我们就能够彼此对话。

有的朋友说,这个心理学问题太绕了,能否简单点?

77

很简单,你睡不着觉了,如果和那个睡不着觉的"我"对话,是很容易解决的。

譬如你叫小明,你可以这样和它对话:小明啊小明,你为什么总是失眠?为什么躺下以后还不睡呢?你到底在烦什么?

这样一问,你就发现,"他"在你对面隐隐出现了。

你和"他"开始建立一种有彼有此的对话关系。

你会隐隐约约得到"他"做出的回答:烦躁了,焦虑了……种种自述。

这时,不要命令"他"睡。

对自己也不能乱下命令。

你要和"他"商量:不睡,累坏了,岂不是更不好?

这样商量着商量着,你会发现一点自己精神内部的原因。

注意,绝不能用强下命令"睡吧"作为对话的结束。

你应该说:睡不睡还是由你定,想睡就睡,不想睡就不睡。

你发现,第一次正常的睡眠就从今夜开始。

七 美容瘦身术

那么,脸上有了毛病该怎么办?

问这话的大多是比较年轻的女性。

脸上有粉刺了,有青春痘了,有黄褐斑了。想解决,难解决。

除了通常的医疗手段之外,大爱健身法此时可以很自信地出台了。

解决这些毛病,更好听、更积极的说法是美容。

有粉刺、有青春痘、有黄褐斑的人需要美容。

没有这些毛病的人也想美容,因为希望脸更光泽、更漂亮。

79

美容是大爱健身法的强项。

经过长时间美容努力的现代女性大多已经发现，要想年轻漂亮，首先要有怡悦良好的精神，其次需要健康合理的生活，包括合理的工作，合理的休息，合理的饮食，合理的锻炼。

说来说去，美容和全身的年轻健康是一回事。

习练大爱健身法，再上美容院就能锦上添花。

因为大爱健身法首先关照着全身的年轻与健康。

因为大爱健身法对于脸部的年轻与美丽来得很灵验。

注

对美容感兴趣的朋友还可参看《美容中医学》，魏睦新、王钢主编，人民军医出版社 2004 年出版。

80

我们的脸什么时候显得年轻漂亮？

除了精神愉快，除了休息得好、饮食好、锻炼得好，它在我们事业成功时、恋爱成功时、得到他人赞美时，最年轻漂亮。

然而，如果事业不那么成功，又很少得到他人的赞美时，该怎么办？

这时，大爱健身法就可以说了，在日复一日的平凡生活中，通过我们对脸的关爱、赞美与感谢，它一样会呈现年轻美丽的样子。

只要用大爱健身法呵护它一次，就等于最见效地做一次美容。

每天做，经常做，你就年轻美丽了。

81

我们每天早晚至少要洗两次脸。

洗脸及梳妆时面对镜子，是使用大爱健身法对自己速效美容的好时候。

只要微笑地看着自己的脸，对以往让它承受过多的劳苦风霜道声对不起，对它一年365天迎来送往的贡献做出感谢，赞美它漂亮、有精神，让它更放松、更光彩、更舒展，你会发现，眼看着面孔的皱纹就消退了、变浅了，光泽增加了。

千万不要忘记对眼睛的安抚和关爱。

它常常比使用美容用品来得更有效。

82

除了每日洗脸梳妆用大爱健身法自我美容外，一切面对镜子的场合，都可以瞬间做完对脸部的关爱与呵护。

电梯里有镜子,你看着自己的脸,就给自己美容一遍。

写字楼或宾馆里有镜子,稍微在镜中打量一下自己,又做了一遍美容。

总之,一切能够照见自己的地方都是自我美容的好机会。

操练得熟练了,就那么微笑着一凝视,能体会到脸已经与自己沟通了。

它已经在你的赞美感谢中靓丽起来。

83

白天上班，桌上放一张自己开心时拍下的美丽照片。

休息时看一眼，想象那就是镜中的自己。

对它赞美、欣赏、感谢一番，等于做了一遍自我美容。

也可将这张照片设为电脑桌面。

还可以将它存在手机里成为锁屏壁纸。

每天无数次自我美容，效果难以想象。

84

别人的眼睛更是你无处不在的镜子。

每个人都能从别人的眼睛里看到自己。当你精神抖擞、光彩靓丽时,对方无论是同性还是异性,都会眼睛一亮,那便是对你的评价。

那时,对方的眼睛就成了你的镜子。

如果你面容颓丧、一脸病恹,对方虽然没说什么,但那半怜悯半同情的眼神已经如同一面镜子,让你照见了自己的面貌。

当你把所有的眼睛都当作镜子时,就可以时时刻刻进行自己的爱身美容了。

练上几天,成为习惯。

和人交往时,面孔就在大爱健身法的关爱下自然美容起来。

85

过了一些日子,你发现自己年轻漂亮多了。

这样,你越来越喜爱这种自我关爱赞美的美容方法。

86

聪明的朋友会想到，美容不仅是脸的事，还可以扩展到全身。

那自然是美体了。

这其实和现在常说的减肥瘦身等一堆时尚概念相关了。

我们说，要使自己全身健美，首先，要和整个身心的健康联系起来。

这里特别强调少吃多锻炼。

然后，大爱健身法就可以对我们的形体美做出行之有效的贡献了。

你只要面对镜子时不仅关照脸，还关照全身，精神抖擞地感谢赞美全身上下，并且对它发出更多的拜托，把对脸的呵护与美容扩展到全身，就都有了。

这样，你再面对镜子时，调理呵护的就不仅是面孔，还包括全身上下的形体。

　　你再在一双双眼睛里照见的,不仅是自己面孔的年轻美丽,也是整个身体的年轻和精神抖擞。

八　重要的总结

87

我们讲了每日晨起的爱身早操。

我们讲了六字养生诀。

我们讲了用大爱健身法随时解决每日工作中的劳累。

我们讲了用大爱健身法辅助治疗与调养身体的疾病。

我们又讲了美容。

现在,建议朋友们在几种特别活动中,别忘了对全身进行彻头彻尾的赞美与关爱。

88

你在早晚锻炼及做健美操时,别忘了对全身的赞美与感谢。

做操本来就是从上到下活动全身。

你结合着健美操,活动到哪儿,就赞美到哪儿。

按顺序将全身上下各部位都用大爱健身法过一遍。

伸展运动,自然由胳膊肘带动全身在活动,赞美它。

扩胸运动,又是对心肺等胸部各器官赞美感谢的好时候。

活动腰,赞美腰。

活动臀,赞美臀。

活动膝关节,赞美膝关节。

这样做操和大爱健身法合二为一,事半功倍。

89

游泳与洗浴,是我们浏览和关爱身体的特殊时刻。

身着泳装在游泳池里活动,全身显露,你自然从头关照到脚。

整个身体在水中极为舒适。

游泳的效果加上大爱健身法的效果,其妙无穷。

洗浴时,从头冲到脚,按顺序对自己的身体关爱、感谢、赞美。

那时会状态极佳。

90

　　还有，当你完成了一项工作，特别是一项比较辛苦的工作时，一定要对身体赞美感谢一番。

　　拍拍脑袋：你真了不起。

　　关爱关爱眼睛：你贡献很大，特别辛苦。

　　活动活动颈椎、腰椎：全靠你们支撑了。

　　对着镜子看看自己，从上到下夸奖一番。

　　全身上下各器官各部位协同作战，方有此功。

91

如果你有每日晚饭后散步的习惯，那么，散步不仅是最好的休息与锻炼，还是大爱健身法关爱全身的好机会。

每天散步时养成习惯，对全身关爱一遍，是顺理成章的事情。

特别对身体中比较薄弱的部位，要特别关照。

比如，肠胃不好，散步时多呵护它。

这段时间膝关节疼痛，便多关照膝关节。

仅仅在散步时做大爱健身法这一条，就将使你终生受益。

92

　　如果你已进入中老年，那么，大爱健身法在增进健康的同时，也在帮助你实现长寿的理想。

　　长寿是健康的自然结果。

　　长寿是健康的一部分。

　　对于那些有锻炼习惯的中老年朋友，你们在做操时将大爱健身法结合进来，效果就更佳了。

大爱健身法

93

在不够文明的社会里，子女成为父母的财产，甚至被当成父母的附庸。

在文明的社会，人们把孩子当作上帝赐予的礼物，当成伙伴。

同样，当我们不够文明时，会把身体当成奴仆与附庸。

当足够文明时，我们应该将身体当作上帝给予我们的终生伙伴。

94

对终生伙伴，自然要有足够的理解与尊重。

对终生伙伴的任何杰出表现，都该有足够的赞美。

对来自终生伙伴的帮助，都该有充分的感谢。

95

赞美与感谢,是一种对他人、他物的态度。

人与动物会感受到。

植物会感受到。

我们的终生伙伴——身体更会感受到。

但,到此并未终止。赞美与感谢,对于自己来讲,还是一种心情。

96

　　对这个世界,包括大自然的日月风雨,有更多赞美与感谢的人,是心情舒畅快乐的人。

　　相反,有更多埋怨和诅咒的人,自己的心情也会恶劣。

　　我们不仅为了我们的一切伙伴——无论是亲人、朋友、动物、植物,还是我们的身体,为了能和他们沟通合作,要有更多的感谢与赞美。

　　单纯为了自己,也需要经常地感谢与赞美。

　　赞美与感谢是一种好心情。

　　赞美与感谢是一种好性格。

　　赞美与感谢将给我们带来好命运。

附录　关于大爱健身法的补充要领

一　如何与胃对话

　　许多朋友读到这本书稿后，在认真操作的同时也提出一些问题，比如怎样更好地找到与身体及各个器官对话的感觉。

　　这里，先讲讲如何与胃对话。

　　举一反三，就能知道与身体其他部分对话的奥妙。

　　与胃对话，其实同与朋友对话的道理一样。在生活中，人与人之间的沟通了解需要对话，反之，好的对话又需要了解对方。当你认识一个新朋友，为了达到好的对话效果，其基础的工作就是在对话之前尽可能充分地了解对方，特别是如果你了解这个朋友一生中从事的主要工作、他的贡献，你在对话伊始就能欣赏赞扬他,那么,这无疑为双方创造了良好的对话气氛,在此基础上,彼此沟通就比较容易了。

现在,我们已经知道,胃也是我们的朋友,而且是相当重要的朋友。

那么,如何了解我们的胃呢?

第一,要了解胃的作用和贡献。

要知道,一个人能够吃喝、营养自己,胃起到首要的重要作用。胃若是不舒服了、生病了,有时连药都吃不下去,更不用说吃那些营养身体的食物了。一个家庭主妇每天要大量采购,有生有熟,瓜果菜肉粮食等等,这些东西最终都要交给胃来消化处理。胃真是非常辛苦的,也是无法取代的。

许多人可能一生中肝没有大毛病,肾没有大毛病,但几乎每个人的胃都多多少少出过点毛病。饿着了,撑着了,受寒了,受刺激了,胃都会做出反应,比如酸胀痛等等。

若你有了这种认识,和胃的沟通就有了前提。

第二,要了解胃的特点。

相对于身体的其他部分,胃是比较敏感的器官,也是容易对话的器官。比如很多人不知道胆会难受、肝会难受,但胃的难受一般人都有体验。吃得太多了太猛了,胃会胀痛;吃得太油腻了,胃会消化不良。总之,胃是很容易做出反应的器官,我们对胃的各种不良感觉都要当作胃的一种诉说,那是胃的语言,要给予重视。这才能沟通对话。

第三,与胃对话的具体技术。

我们在《前言》中已经讲到一些方法。首先是放松全身,接下来放松胃,然后用手轻轻地抚摸,用有声语言或默言默语与之沟通。一般来说,默言默语效果更好。对话时要舒展眉心。面带微笑很重要。你说出的话要发自真心,不能敷衍。这样,你发出的声音,你对胃的感谢、赞美,包括你由于长期忽视它甚至"虐待"它而表达的歉意,胃都能"听见"和领会。在对话的过程中,你要让胃一点点微笑起来。

怎样做到让胃微笑呢？

方法是把脸部的微笑逐渐扩展到胃部、移送到胃部，这种技术要逐渐体会，多做一些训练就可以掌握了。

第四，找到胃不舒服的原因。

在和胃对话的过程中，你会逐渐了解到胃为什么会不舒服。

一般来说，主要有三个原因：一与吃喝有关，比如吃喝不节制、不合理、不卫生等等；二与生活安排和生活节奏有关，如紧张、过劳、情绪不良等等；三与内心深处还有消化不了的事情有关。

对这三方面的原因要分别对待。一是要合理地饮食。二是调节生活节奏与改善情绪。三是想办法解决那些尚未消化的事情。关于第三点，我的《破译疾病密码》及《走出心灵的地狱》两本书里有很详细的解说。

二　掌握放松的技术

放松,是很多养生方法的基础。然而,并不是所有人都能真正领会"放松"是怎么回事。

20世纪90年代,我曾去东北参加一个笔会,其间一位南方记者向我诉说他胃不好,经常胃痛,走到哪里都随身带药。笔会第一天,他就胃痛了一次。知道我对身心健康方面有所研究,他问我该怎么办。这是一位神情拘谨的年轻男性。我建议他不妨试试放松的技术。他显然对这种说法毫无感觉。我便让他甩甩手,试着将手臂放松下来。他甩了几下,我一捏,整个手臂的肌肉还是紧绷的,一点都不松弛。我让他再甩一甩,再捏,还是没有放松下来。于是我伸出手臂,让他将手臂不用一点力地放松地搭在我的手臂上。他搭上了,但还拿着劲,我觉不出他手臂放松下沉的重量。于是,我上下颠着他的手臂,再三让他放松,仍然达不到效果。我一抽手,他的手臂就僵硬地停在半空。我笑了,说:咱俩反过来试试。我将手臂放松地搭在他的手臂上,并且告诉他随时可以抽开。他手一抽，我的手臂就如沙袋一样松沉落下。这下他似有领悟。往下，在一周的笔会中，他从甩手放松开始练。待手臂能放松了，我让他依此扩展至放松双肩，再扩展至放松全身，再体会着摆动放松胃及整个五脏六腑。他越来越找到了放松身体的感觉。回到南方后，他坚持放松练习，几个月后我收到来信，他说胃痛好了，这么久再没犯过。

这种放松的技术，朋友们不妨试一试，会使你操作大爱健身法时事半功倍。

每次练放松时，随意站定即可，两脚开立，与肩同宽。

开始，两只手前后摆动，像杨柳一样轻柔。要摆松、摆通、摆软、摆柔。不要拿劲，不要做作，自然地摆动。

然后，两手再左右平行轻轻摆动，肩部一定要放松。用身体微微地把两个胳膊摆出去。越松越好，像杨柳一样。

然后两手左右交叉摆动，像柳条一样自然地摆动。

然后转圈摆动。

前后摆动，左右摆动，交叉摆动，转圈摆动。然后，把前后、左右、交叉、转圈摆动综合在一起，自由地把胳膊摆松、摆通、摆软、摆柔。

然后，把肩部摆松，把背部摆松，扩展到把全身肌肉摆松：脸上的肌肉，胸脯、腹部的肌肉，腿部的肌肉，全部摆松。要特别自然，半自发状态。好像不用劲，自己就摆开了。摆松，摆通，摆软，摆柔。

然后,开始内摆,摆内脏,摆五脏六腑,这时候身体也摆,但意念在摆内脏上。肺,心,胃,肝,胆,摆动;脾,胰脏,小肠,大肠,肾脏,膀胱,妇科器官,男科器官,一一摆松。哪个部位不太良好,有点毛病,特别要把它摆松。比如肾脏不太好,就体会两个肾脏的部位,摆动肾脏。练到一定程度,肾脏在腹中会慢慢地波动,在里边摆动。这对五脏六腑有治疗作用。摆松,摆通,摆柔,摆软。

然后,摆脊椎,摆松,摆通,摆软,摆柔。

然后,面带微笑,把五官——眼,耳,口,鼻,舌——摆松,摆通,摆软,摆柔。

再慢慢地想象和宇宙融为一体,把宇宙、天地都摆一摆。

我就是宇宙,宇宙就是我。这一摆,全身从里到外和天地在一起摆动、透明,融为一体。周身所有的汗毛孔都摆松,所有的穴位都摆松,经络全部打开。每一个细胞都摆松、摆通、摆软、摆柔,和宇宙融为一体。

这种摆动越来越进入半自发的状态。和整个宇宙、天地融化在一起,自己很稀薄,很透明,很广大,很通融,无所芥蒂。微笑洋溢在空中。我就是宇宙,宇宙就是我。摆松,摆通,摆软,摆柔,摆透明,摆红。慢慢地摆,不用劲,不追求幅度,听其自然地摆动,和宇宙融为一体地摆动。

最后,听其自然地慢慢安静下来。摆动越来越轻微,若有若无地停下来。身体好像基本不动了,但是那种摆动的感觉还在体内,在五脏六腑,在天地中,若有若无地存在着。

自然而然地静下来。

三　相信爱的力量

大爱健身法的要领之一是坚信爱的力量。

自古以来很多民族的文化都崇尚爱的力量。

爱创造奇迹的故事古今中外数不胜数。

爱是一种情感。

爱是一种信念。

爱是一种对世界、对他人、对万物的态度。

爱是一种心态。

人的心态与体态是全息对应的。

每个人都体验过自己愤怒时的全身心反应。不仅心在愤怒，整个脉搏、呼吸、五脏六腑、全身肌肉都在愤怒。

就如同人有愤怒的心态就有愤怒的体态一样，人有爱的心态就有爱的体态。

就如同人有怨恨的心态就有怨恨的体态一样，人有爱的心态就有爱的体态。

就如同人有悲伤的心态就有悲伤的体态一样，人有爱的心态就有爱的体态。

爱的心态、体态就是健康的心态与体态。

人的表情只不过是脸部的体态而已。

爱的时候最美丽。

人的所有器官状态都是体态的一部分。

爱的时候最健康。

爱而少怨恨，就是身心健康的大法。

爱而少嗔怒，就是身心健康的大法。

爱能作用于亲人，使亲人得到正能量。

爱能作用于一切他人，使他人得到正能量。

爱能作用于一切生命、一切环境，使它们得到正能量。

爱同时每时每刻都在作用于你自己，在塑造你的健康与美丽。

这里的深刻含义，不做不知道，一做才知道。

这里蕴藏着人的奥秘，生命的奥秘，心灵的奥秘，文化的奥秘，意识与物质关系的奥秘，宇宙的奥秘。

对他人、对世界大爱，能同时重塑你的健康与美丽。

再对自己身体也直接实施大爱，一定会创造更多的健康与美丽的奇迹。

后 记

这本书稿完成以来,以"大爱健身法"为书名已在网上流传多年,很多人受益。其间不少朋友建议将之出成一本书,图文并茂,更方便阅读。现在这本书终于出版了。

希望大家喜欢。

相比网上流传的电子文本,本书又有很大充实与提高。

一、对文字做了全面修订。

二、配了寓意丰富的系列图画,拓宽了内涵。

三、增加了必要的注释,对一些新概念进行了说明。

四、在附录中,扩展了"关于大爱健身法的补充要领"的内容。其中,对"掌握放松的技术"及"相信爱的力量"的更深入阐述可能对读者有进一步的帮助。

希望这本书给朋友们带来更多的健康信息。

　　须再次说明的是,身心健康是件完整的事,涉及方方面面。如果生活本身不合理,如工作压力过大,或者饮食不当、锻炼太少,那么,首先该调整生活,诸如减压、节制饮食、增加锻炼之类。这样,结合大爱健身法才更有效。

　　此外,建议朋友们养成静坐的习惯。时间紧,每天上午、下午各十分钟即可。最简单的放松,闭眼坐在那儿什么都不想就行。只需在静坐开始时按大爱健身法所说,与身体有个对话,便会有很好的效果。倘若有更多的时间做更"正式"的静坐,那就更好了。

　　人的许多疾病是有各种心理原因的,这些原因又往往不为我们所自觉。在运用大爱健身法的同时,应该分析并解决自己的心理症结。关于这方面,可以参看我最近再版的两本书:《破译疾病密码》与《走出心灵的地狱》。

　　这两本书对于疾病如何产生、健康从何而来做了新的探索。

　　其中,《破译疾病密码》揭示了多种常见病的心理语码,解析了疾病产生的深层心理机制,使人学会不生病的智慧,增长不生病的信心,重拾健康的权利。

　　不少读者领会了《破译疾病密码》的理论后,使自己从疾病的困扰中走出来,也有人帮助亲朋好友摆脱了疾病,包括很多长期不愈的疾病。

　　《走出心灵的地狱》则通过一个翔实个案的解析,告诉人们如何摆脱焦虑症、抑郁症、疑病症、强迫症等心理疾病。

《走出心灵的地狱》是理解《破译疾病密码》的钥匙。

因为解析焦虑症、抑郁症就是认识许多疾病的钥匙。

希望这两本书和《与你的身体对话》一起，使朋友们更健康，更快乐！

柯云路

2019 年秋

图书在版编目（CIP）数据

与你的身体对话/柯云路著. —郑州:河南文艺出
版社,2020.6(2025.4 重印)
ISBN 978-7-5559-0987-3

Ⅰ.①与… Ⅱ.①柯… Ⅲ.①自我暗示-通俗
读物 Ⅳ.①B842.7-49

中国版本图书馆 CIP 数据核字(2020)第 076342 号

策　　划　杨　莉　张　阳
责任编辑　杨　莉　张　阳
责任校对　梁　晓
书籍设计　吴　月
插　　图　牛　妞

出版发行　河南文艺出版社
本社地址　郑州市郑东新区祥盛街 27 号 C 座 5 楼
邮政编码　450018
承印单位　河南省四合印务有限公司
经销单位　新华书店
开　　本　700 毫米×1000 毫米　1/16
印　　张　12.25
字　　数　115 000
版　　次　2020 年 6 月第 1 版
印　　次　2025 年 4 月第 8 次印刷
定　　价　45.00 元